||\\ 见识城邦

更 新 知 识 地 图 拓 展 认 知 边 界

章鱼

[英]海伦·斯凯尔斯 著　　[英]艾伦·梅尔 绘　　滕梅　宋醒 译

中信出版集团｜北京

图书在版编目（CIP）数据

章鱼 / (英) 海伦·斯凯尔斯著 ; (英) 艾伦·梅尔
绘 ; 滕梅, 宋醒译. -- 北京 : 中信出版社, 2021.3
(企鹅科普. 第一辑)
书名原文 : Ladybird Expert: Octopuses
ISBN 978-7-5217-2429-5

Ⅰ.①章… Ⅱ.①海… ②艾… ③滕… ④宋… Ⅲ.
①章鱼目—青少年读物 Ⅳ.①Q959.216-49

中国版本图书馆CIP数据核字(2020)第217417号

章鱼

著　　者：[英] 海伦·斯凯尔斯
绘　　者：[英] 艾伦·梅尔
译　　者：滕梅　宋醒
出版发行：中信出版集团股份有限公司
　　　　　（北京市朝阳区惠新东街甲 4 号富盛大厦 2 座　邮编　100029 ）
承 印 者：北京尚唐印刷包装有限公司

开　　本：880mm×1230mm　1/32　　　印　　张：1.75　　　字　　数：17 千字
版　　次：2021 年 3 月第 1 版　　　　印　　次：2021 年 3 月第 1 次印刷
京权图字：01-2020-0071
书　　号：ISBN 978-7-5217-2429-5
定　　价：188.00 元（全 12 册）

八臂"名人"

章鱼的外形颇为奇特，异于地球上的其他动物，它们遍布吸盘的腕最为深入人心，引人遐想。

有时候，人们脑海中浮现出的章鱼形象既友善又迷人。披头士乐队成员之一林戈·斯塔尔曾以音乐的形式，带我们深入波涛之下，探寻章鱼的秘密花园。在迪士尼动画电影《海底总动员2：多莉去哪儿》里，与多莉一同踏上探险之旅的是一只脾气暴躁、名为汉克的章鱼。

不过，在科幻作品里，章鱼的形象通常更恐怖。在儒勒·凡尔纳的《海底两万里》中，一群可怕的章鱼袭击了尼莫船长的潜艇。在《007之八爪女》中，与英国王牌间谍詹姆斯·邦德斗智斗勇的八爪女及其党羽身上都文有让人胆寒的蓝环章鱼图案。而作家霍华德·菲利普·洛夫克拉夫特（H. P. Lovecraft）笔下的远古巨神克苏鲁（Cthulhu）则是一个巨怪，虽然隐约带有人的轮廓，但脑袋上却长着章鱼似的众多触须。它为后来很多小说和电影提供了创作灵感，例如《神秘博士》中嘴部长有触须的外星生物沃德人，《加勒比海盗》中与主角亦敌亦友的戴维·琼斯等。

章鱼太过古怪，甚至令人们相信它们拥有超能力。据说德国水族馆的章鱼保罗准确预测了2010年世界杯足球赛的赢家。当时章鱼保罗面前摆放着两个装满食物的盒子，上面分别装饰着两支参赛球队的旗帜，保罗一直坚定不移地选择德国队（也可能是它更喜欢德国队队旗上醒目的条纹），德国也确实不负众望，一路高歌猛进，获得了冠军。

人们想象出来的章鱼有的妙趣横生，有的让人毛骨悚然，但与我们所了解的真实章鱼之间，还是存在着相当大的差距（至少目前看来是这样）。而且，人们渐渐发现，现实中的章鱼其实比虚构出来的章鱼更为怪异。

神与怪物

很久以前，在神话和传说中就有章鱼的身影。一般来说，它们象征着人类所不能及的神秘的海洋深处。在古代斐济的神话中，章鱼女神打败了强大的鲨鱼神。鲨鱼神想要攻占章鱼女神的岛屿，于是章鱼女神用八条有力的腕裹住鲨鱼神，直至鲨鱼神认错求饶。章鱼女神以保证其子民免受鲨鱼袭击作为交换条件，释放了鲨鱼神。相传在寒冷的斯堪的纳维亚半岛附近的海域中，潜伏着北海巨妖克拉肯。很多学者认为这个传说是在 18 世纪受章鱼（也许还有它们的亲戚巨型鱿鱼）的启发而诞生的。

在英语中，"octopus"（章鱼）一词最初是起源于古希腊单词"oktopous"（"okto"意为数字"8"，"pous"意为"脚"）的拉丁文转写。关于章鱼的古代传说在世界各地衍生出各种艺术品和手工艺品。早在 3500 年前，克里特岛的米诺斯人就给水壶和花瓶画上了瞪着大眼睛的章鱼。公元 400 年前后，秘鲁北部的莫切人酋长头戴闪闪发光的金色头饰，上面描绘着源自章鱼形象的八臂神。

章鱼的神话和图绘让我们得以对这种生物匆匆一瞥，有了初步的印象，但也仅仅止步于此。想要真正认识它们，我们需要一头扎进现实中的章鱼世界。

章鱼是什么？

当我们开始认真思考关于章鱼的问题时，首先需要做的是弄清楚它的一系列独有的特征。

第一个，也是最明显的特征是，章鱼有许多肢体。如果说一只动物有八条柔软灵活的腕，上面布满强有力的吸盘，那么我们就可以确定它是章鱼。虽然鱿鱼和乌贼也有八条腕和两条触须，但它们的吸盘仅分布在腕的尖端。有时候，如果章鱼近期曾遭遇过捕食者的袭击，它的腕可能会不到八条，因为为了不被捕获，章鱼会咬掉自己的一条腕求生，逃脱后再在原来的位置重新长出一条。

章鱼用腕在海底爬行，柔软的身体随后漂动。它们也会通过喷射的方式往前游，并从用于呼吸的气管里向不同的方向喷水，以控制前进方向。

章鱼身体内部的特征也不同寻常。如果将手指探进章鱼的嘴里，会发现章鱼的嘴是一件强大的武器，一如鹦鹉的喙，锋利无比，可以用来咀嚼猎物。有些章鱼口中甚至还长有毒牙。

另外，章鱼的血液呈蓝色，且拥有三颗心脏，一颗负责给身体输送血液，另外两颗供应血液到鳃。这种独特的心脏构造可能与它们的血液成分有关。脊椎动物的红细胞有富含铁的血红蛋白分子，但是章鱼不同，其体内有一种富含铜的物质，名叫血蓝蛋白，它可以直接溶解在血液中，使血液呈蓝色。与血红蛋白相比，血蓝蛋白在输送氧气方面的效率更低，因此需要额外的心脏来输送更多血液，以提高氧气水平，维持章鱼的生命活动。

异常柔软

与人类相比，章鱼缺失的一个重要身体组成部分是脊骨。它们属于无脊椎动物，是包括水母、甲壳类动物、昆虫和蜘蛛在内的众多冷血动物的一员。

在无脊椎动物中，章鱼是软体动物。它们现存的近亲包括蛞蝓和蜗牛（腹足），蛤蜊、牡蛎和贻贝（双壳类动物），其中与它们最接近的是所有头足类动物，如鱿鱼、吸血鬼鱿鱼、鹦鹉螺和乌贼。

在所有软体动物和其他无脊椎动物中，章鱼尤为突出。它们有一颗巨型大脑，行为模式也比较复杂，这些都是通常只在脊椎动物，包括我们人类身上才能观察到的特征。

然而，至少在 6 亿年前，我们与软体动物之间其实可能拥有过共同的祖先，那时复杂的动物生命体才刚刚出现。尽管这一点科学家们还不能完全肯定，毕竟还没有发现化石，但那个共同祖先可能就是某种微型的蠕虫状生物。科学家通过研究"遗传钟"来估算它们存在于何时。在所有生物世代繁衍的过程中，遗传密码逐渐改变，而通过比对来自任意两个物种的 DNA，我们可以估算出它们的共同祖先出现在什么年代。

自这个古老的分裂节点之后，脊椎动物与无脊椎动物分道扬镳，形成了两个截然不同的族群。大约 5.25 亿年前，一些微小的、类似鳗鱼一样的生物出现了，它们有可能就是第一批脊椎动物，另外还有各种各样会游泳、会划水的有壳无脊椎动物。这两条庞大的独立生命链就此开始，并在地球上存在了数亿年。

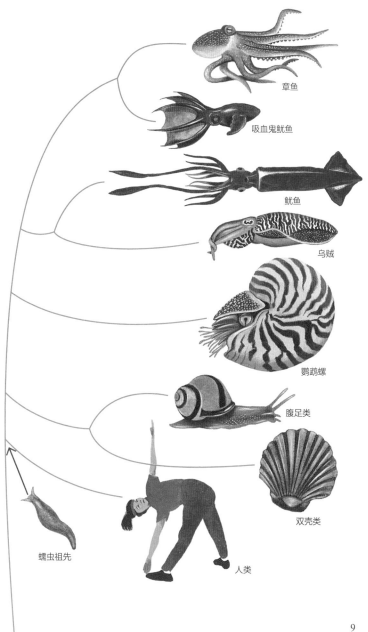

章鱼

吸血鬼鱿鱼

鱿鱼

乌贼

鹦鹉螺

腹足类

双壳类

人类

蠕虫祖先

9

认识章鱼

章鱼最初的进化起点是在海洋之中，它们在海里繁衍生息。章鱼无法生活在淡水中，也不能在陆地上长期生活。在全世界的海洋中，科学家已经确认了大约300种章鱼，它们形状、大小各异，庞大如太平洋巨型章鱼和七腕章鱼（实际上它们有八条腕，但隐藏了一条，稍后我们会具体分析原因），微小如星吸盘侏儒章鱼，成年星吸盘侏儒章鱼甚至可以在小小的茶盅中畅游无阻。

许多章鱼生活在热带或温带海域。有时，它们会在沙质的浅滩上漫步，在岩石和珊瑚礁间穿行，或者在一望无际的海带丛林的阴影中嬉戏。

严寒并不能阻挡章鱼，在寒冷的南极洲周围海域，章鱼以捕食蛤蜊为生，它们能够钻入蛤蜊的贝壳，注入在零度以下依旧能够发挥毒性的毒液。

章鱼的一生都在海里游动。毛毯章鱼的腕之间有皮肤网，一旦游起来，像挂在晾衣绳上的床单一样抖动。小飞象章鱼（烟灰蛸）和烙饼章鱼（加利福尼亚面蛸）通过拍打形似耳朵的吸盘瓣游泳（章鱼实际上没有外耳，但它们可以通过被称为平衡囊的器官听到声音）。玻璃章鱼的身体是透明的，看起来一碰就会碎掉。

最奇特的是人类最近在海底热液喷口附近发现的一种章鱼，它与巨型管状蠕虫栖息在一起。

要了解现代章鱼是怎么进化得如此多种多样的，需要回溯历史长河，去认识一些现在地球上已不复存在的头足类动物。

头足类动物时期

在软体动物历史早期，包括双壳类、腹足类和头足类在内的主要类群已经出现。至于最古老的头足类动物到底长什么样子，现在仍然存在争议。在寒武纪时期（大约从 5.7 亿年前开始），有一种长得像鱿鱼的奇怪生物，叫作"内克虾"（Nectocaris），它们可能是最远古的头足类动物，但并不是所有专家都认同这一观点。

到了大约 4.92 亿年前的奥陶纪时期，海洋中满是带壳的头足类动物。有些生物长着巨大的贝壳，贝壳或直或弯。它们躺在海床上，或者在海床上方游动，捕食双壳类和三叶虫。其中房角石（Cameroceras）是最大的头足类动物，它们的外壳长达 10 米，几乎与一辆伦敦巴士等长。有些物种像巨大的长矛一样，四处窜动，还有一些长有螺旋形的贝壳（体管），上下旋转。这些早期头足类动物是世界上最早的超级捕食者，它们早在大型脊椎动物进化之前就出现了。

数亿年来，最丰富多样的头足类动物属于菊石目。它们身负盘绕状的壳，部分壳呈环形或扭曲状。最大的头足类动物是菊石目螺，它们的壳有 2 米宽，比巨型卡车的轮胎还要大。菊石类动物留下了数百万枚已变成化石的贝壳，但这些贝壳只存在于 6 600 多万年前形成的岩石中。当时，一颗巨大的陨石撞击了地球，引发大规模火山喷发。火山灰遮天蔽日，天空黑暗无光，海洋变得具有腐蚀性和酸性，所以海洋中的菊石类动物就和恐龙一起灭绝了。

当然，并非所有头足类动物都灭绝了。幸存者为面对接下来发生的更剧烈的变化，放弃了一个关键的身体部位，走向了未来。

裸泳

在某个时间节点，一些古老的头足类动物放弃了外壳，变得赤身裸体。今天，少数几种甲壳类鹦鹉螺是仅有的有外壳的头足类动物，其他头足类动物的贝壳都藏在身体内部。例如乌贼有海绵状的海螵蛸，这些就是从前贝壳的残留，可以帮助它们在水下漂浮。各类鱿鱼以及一些章鱼身体内部还有残余的内壳。但总的来说，章鱼彻底没有了外壳。

章鱼何时第一次进化得如此柔软是个极难回答的问题。它们太过柔软，因此不容易被石化，人们目前只发现了少数完整的标本。这就像把一个喷嚏压到岩石里那样难以实现。

最近基于遗传钟进行的研究表明，现代头足类动物，包括章鱼、鱿鱼和乌贼等内部保留壳的物种，可能是在大约1.6亿前到1亿年前首次出现的。

这发生在所谓的"中生代海洋革命"期间，当时的海洋变得极度危险。巨大的海洋爬行动物，如鱼龙、楯齿龙和沧龙等在海洋中潜行，凶猛的鲨鱼也在其列。

与此同时，猎物们正忙着进化出避开这些凶猛捕食者的方法。有些无脊椎动物的应对方法是长出更厚更重的壳，但头足类动物恰恰相反，它们选择了减轻负荷，去掉外壳，这让它们能更敏捷、更迅速地逃离捕食者。

选择无壳的生活也为头足类动物开辟了海洋生存的其他可能性。

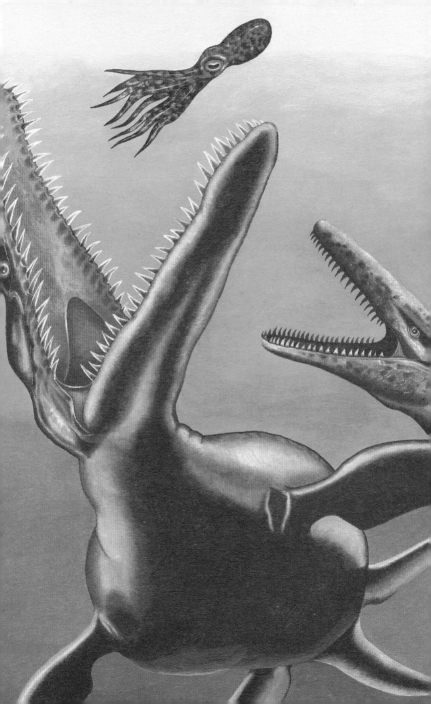

柔韧的身体，巨大的大脑

没了壳后，头足类动物成了柔软的可变形动物。它们有着橡胶般的身体，全身除了壳喙以外没有一处坚硬的地方。所有你能想象出来的形状，章鱼几乎都能呈现。它们可以挤进空啤酒瓶里，可以从渔船的甲板上逃走，也可以从狭窄的小洞中钻出。

有一种理论认为，失去壳是章鱼进化出巨大的大脑过程中重要的一步。要控制好八只缠结着的臂需要付出相当多的努力，要协调肌肉合作，充分利用自身的柔韧性，必须拥有复杂的神经系统。

与其他无脊椎动物相比，章鱼的大脑是最大的，甚至比某些脊椎动物的大脑还要大。它们祖先的大脑有多个神经节，身体周围紧密分布着神经元。在现代章鱼的体内，扩大的神经节形成了一个裂脑。说来奇怪，这个裂脑环绕着食道。因此当章鱼吞咽食物时，食物会直接穿过它的大脑。

但是，关于章鱼大脑的故事不仅仅如此。人类拥有 1 000 亿个神经元，大多数聚集在我们的大脑中。而章鱼有 5 亿个神经元，其中一半以上分布在腕上。从某种程度来讲，这些可以半自主行动的腕能够进行独立思考。

章鱼常常会伸出腕去触碰潜水员，但是千万不要以为它们是想要握手以示友好，很可能它们只是在判断这个潜水员是否值得一尝。章鱼腕上的每个吸盘分布着 10000 个神经元，让它得以品尝和触摸其他事物。即使在被肢解数小时之后，章鱼的腕也依然能够抓取东西，并递到嘴原先所在的位置。

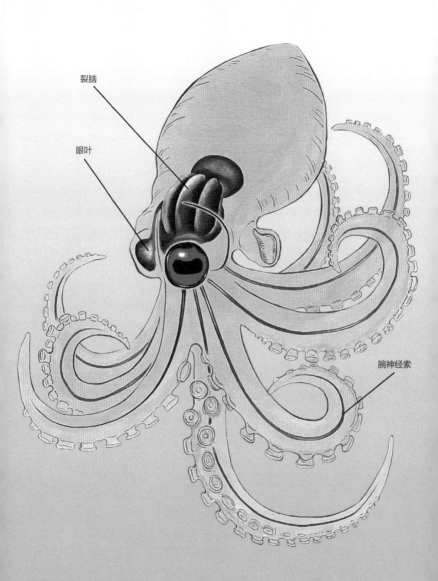

裂脑

眼叶

腕神经索

章鱼的智慧从何得来

章鱼进化出先进的神经系统来协调它们柔软的身体，然后其大脑开始致力于完成其他任务，例如增强记忆，解决问题，指引导航，快速思考，四处捕猎，等等。

章鱼的很多能力都是科学家无意间发现的，这些章鱼能做到的事情让他们大开眼界。

2009 年，澳大利亚生物学家朱利安·芬恩（Julian Finn）在印度尼西亚发现一只章鱼，当时它正举着裂成两瓣的空椰子壳。它将几条腕当作腿，正在海床上昂首阔步，然后又停下来把自己藏进那椰子壳里。生物学家后来又发现其他章鱼也在玩同样的把戏，不过它们有时候用的是空的蛤蜊壳。

章鱼拿着椰子壳的举动说明了几个重要的事实。它们会利用分散的物品组装成一个移动掩体，这是能够使用复杂工具的体现。在此之前，人们一直认为只有几种哺乳动物和少数鸟类才能做到这一点。更值得注意的是，章鱼拥有预见性思维：它们知道这些空壳在将来某个时候可能会派上用场，这说明它们有计划性。

这些和其他许多聪明的行为是智慧生命完全独立的进化结果，与传统意义上的智慧脊椎动物（包括我们人类自己）的概念相去甚远。事实上，章鱼十分聪明，甚至可以被授予"荣誉脊椎动物"称号。因此，科学家通常需要申请特殊的执照才能获准圈养章鱼，以便对它们进行研究。这些研究则进一步揭示了作为无脊椎动物的章鱼在智力方面的突出表现。

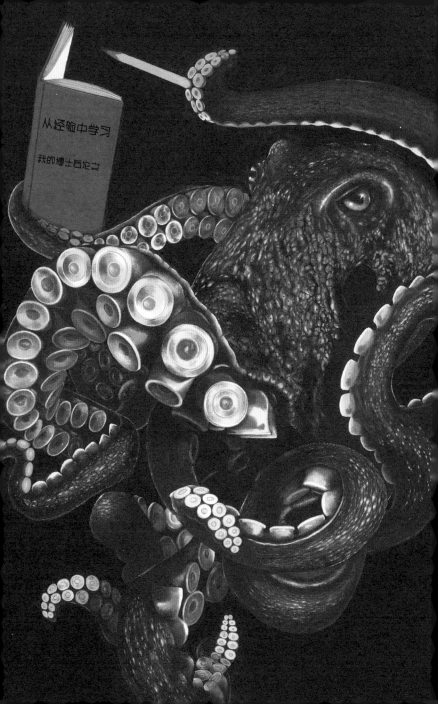

水箱里的把戏

通常，被圈养的章鱼都"声名狼藉"，因为它们会经常"越狱"去附近的水箱搞突袭，捕食其他动物之后再溜回自己的水箱。

它们也表现出更明显的高智商迹象，能够迅速应对不熟悉的环境。曾经有这样一个案例，身处不同地方的两只章鱼，都故意反复朝同一个明亮的灯泡喷水，直到灯泡短路熄灭。而且，这两只章鱼似乎也都十分明白自己行为的后果，它们是有目的性地如此行事。

章鱼也会专门对付某些人，比如当这些人走过的时候，故意朝他们喷水。研究表明，章鱼能够识别人脸，这或许跟章鱼能认出同类并能记住自己的同伴有关。

它们还能学着拧开容器去获取里面的食物（有的章鱼甚至还能再把盖子拧回去），可以拆开乐高积木，还能够在一小时内掌握窍门，打开儿童专用药瓶。

章鱼是可以训练的。只要给予食物奖励，章鱼就能学会通过视觉或触觉来挑选不同的目标，并学会在迷宫中找到方向。不过，并不是所有的章鱼都这么听话。有的章鱼很顽固，拒绝配合，甚至会折断提供食物的控制杆。

以上这些行为都阐明了章鱼的本性。它们天生充满好奇，热爱探索，这也与它们在野外的狩猎行为相符合。不过，有时章鱼的行为让科学家十分困惑。

个性与玩耍

几十年前，章鱼研究者简·博尔（Jean Boal）就曾遇到一只拒绝进食的章鱼。新鲜螃蟹是大多数圈养章鱼的最爱，但为了方便起见，研究员经常给它们喂食冷冻虾。有一天喂食的时候，博尔饲养的一只章鱼高高地举起冷冻的食物，直视着她的眼睛，然后把虾扔进了水槽的下水口里面。对此，博尔能做出的唯一解释就是，章鱼在愤怒地表示，它更想吃其他食物。

水族馆的饲养员经常会根据章鱼的性格给它们起名，有的易怒，有的害羞，有的胆大，有的顽皮。性格的多变使得章鱼能够迅速学习并适应新情况。

章鱼高智商的另一个表现是，有些章鱼很爱玩。这种自发的活动没有任何明确的目的，纯粹是为了开心。很难想象一只蛞蝓或蜗牛会为了好玩去做某件事，但它们的近亲章鱼会这样做。

加拿大的章鱼生物学家珍妮弗·马瑟（Jennifer Mather）和美国西雅图水族馆的饲养员罗兰·安德森（Roland Anderson）提供了一个典型的案例：他们给了一群章鱼一个漂浮的药瓶。起初，章鱼们只是试图把瓶子往嘴里塞，大概是在确认是否可以食用。接着，有几只章鱼开始向瓶子喷水，把瓶子推到水箱的另一边，然后等着瓶子顺着水族馆进水阀的水流漂回它们身边。其中两只章鱼非常喜欢这种游戏，花了好几分钟时间一直在把瓶子往水箱边缘推，一遍又一遍，就像把球弹到墙上一样。

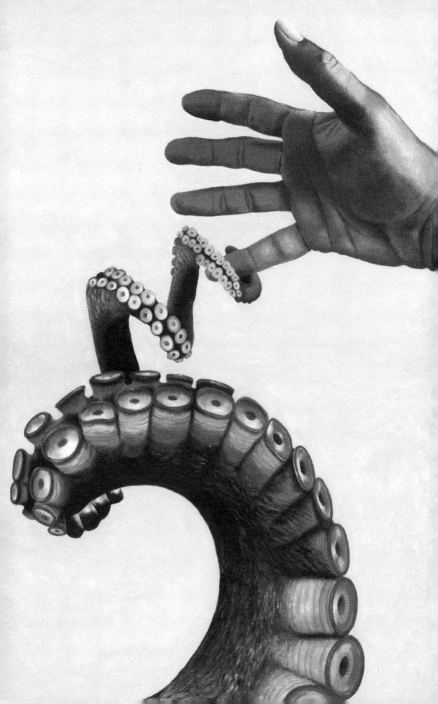

船蛸之谜

数百万年前，章鱼抛去了它们的外壳，但是还有一小部分章鱼又回归到了有壳的生活。几个世纪以来，科学家们一直在研究一种叫作船蛸的小章鱼，它们藏身于两片易碎的贝壳里，在大海中游弋。有科学家认为，船蛸在攻击并吃掉其他有壳的生物后，会用它们的空壳当船，举起自己两只扁平的腕当帆，漂浮在海面上。

最终，先驱科学家珍妮·维尔普勒-鲍威尔（Jeanne Villepreux-Power）揭开了关于船蛸的真相。19 世纪 30 年代，在西西里岛上，她设计了一种水族箱，并进行了巧妙的实验，揭示了船蛸的秘密：它们不是"海盗"，而是用自己两条腕的末端来制作贝壳。

维尔普勒-鲍威尔观察到雌性船蛸把它们的贝壳当作移动育婴室，携带和抚育幼体，但在这个过程中，她没有观察到雄性船蛸的踪迹。

我们现在了解到，与雌性相比，雄性船蛸的体型更小，而且没有贝壳。雄性船蛸四处游荡，希望能接近一只雌性，贡献出自己的一只携带精子的可分离腕（之前这曾被误认为是一种寄生虫）。然后，雌性船蛸会携带着从这只雄性以及其他雄性那里得来的附肢，并按需使用。

生物学家朱利安·芬恩发现了船蛸贝壳的另一种用途。他在水下释放了几只活的雌性船蛸，观察到每只船蛸都会向上浮，把自己的壳弹到水平面以上，让壳里面充满空气，再喷射水流，将自己和壳一起快速推至远处。于是他得出结论说，船蛸和它们的近亲鹦鹉螺一样，都会让自己的外壳充满气体，然后将其作为浮力装置，减少自身的能量消耗。

猎人反成猎物

对于大多数章鱼来说，没有外壳好处多多，但一个大问题也随之而来，没有壳的保护使得它们很容易成为别的猎食者的盘中餐。

很多水生捕食者都喜欢捕食柔软的头足类动物。海豚天生就知道如何在吃掉章鱼之前先扑杀它们，从而避免被章鱼的吸盘缠绕窒息。

章鱼也有各种招数来弥补自己缺乏外壳保护这一缺陷，那就是让自身带有毒性，其中最臭名昭著的是蓝环章鱼。它们唾液腺中的细菌会产生河豚毒素，这种毒素与河豚体内致命的毒素成分相同，一只蓝环章鱼体内所含的毒素足以杀死10个人。

还有毛毯章鱼，它们会从葡萄牙僧帽水母身上撕下蜇人的触角，并将其当作武器。

章鱼还能喷射墨汁，这是一种由黏液和黑色素组成的混合物。墨水团会形成一道屏障，遮住章鱼的身体，从而迷惑捕食者的视线，章鱼可以借机逃跑。而且，章鱼墨汁还包含鱼类厌恶的味道，可以进一步增加其逃脱的成功率。

章鱼的另一个生存本领是运用它的智慧。从巢穴外出觅食的时候，章鱼能够记住自己走过的所有路线（可能是依靠对地标的记忆）。如果捕食者出现，它们会直接冲回安全的地方。英国广播公司（BBC）最近的一部影片展示了这样的场景：一条鲨鱼捉到了一只章鱼，但是很快就把它吐了出来，因为狡猾的章鱼把几条腕伸进鲨鱼的鳃里，让鲨鱼无法呼吸。章鱼有时还会出现奇怪的返祖现象，它们会用吸盘吸住空贝壳，组成一套完整的外壳装备，给自己提供临时保护，在海底藏身。

消失行为

十年前，资深章鱼研究者罗杰·汉隆（Roger Hanlon）在加勒比海潜水时，用镜头捕捉到了一件令他惊叹不已的事：一块覆盖着海藻的岩石突然动了起来，暴露了它的真实身份——一只大章鱼。显然，这只章鱼将汉隆认定为危险分子，它突然变成浅白色，喷出一团墨汁，而后迅速逃离。科学家之前就曾经发现，章鱼能够利用身体的颜色和纹理隐藏自己，必要时借机逃脱。汉隆的镜头捕捉到的这一幕是他迄今观察到的章鱼利用自己的颜色和纹理逃脱最快、伪装最精妙的例子。

章鱼的身上闪烁着迷人的光芒，这是动物界最复杂的伪装，也是章鱼这种软体动物为了避免被吃掉所采取的另一种策略。

章鱼皮肤的外观每分每秒都在变化，这一令人惊叹的本领要归功于它们复杂的神经系统。章鱼能够不断观察周围的环境，并决定当前使用哪种外观最好。

章鱼万花筒一样的肤色是通过被称为色素细胞的皮肤细胞层产生的。这些细胞呈星形，里面充满彩色色素颗粒。章鱼大脑的神经能直接控制肌肉收缩或伸展这些皮肤细胞，从而隐藏或显露颜色。这些皮肤细胞与更深层的皮肤层相结合，通过微小的镜面状的粒子来反射和折射光线，可以生成各种颜色。通过肌肉发力将皮肤表面挤出块状凸起，也称乳突，来模仿粗糙的鹅卵石或丛生的海藻。

章鱼经常改变自身形状和颜色来假扮成别的东西，比如一块滚动的石头或一团漂浮的海藻。其实真正的伪装大师是拟态章鱼。它们常把自己装扮成海蛇或有剧毒的狮子鱼等危险性更高的动物来迷惑捕食者。

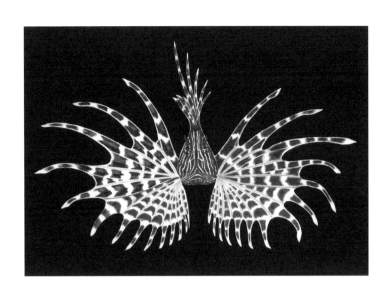

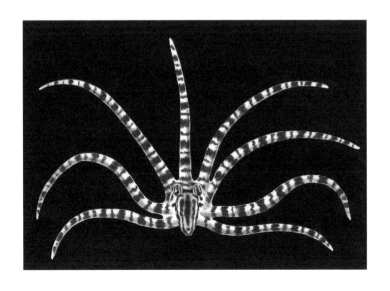

明眸照我心

奇怪的是，尽管章鱼的身体五彩斑斓，但大部分科学家一直认为它们是色盲。章鱼的眼睛和人类的眼睛结构相似，由晶状体、虹膜和视网膜组成，里面同样布满对光敏感的光感受器，但章鱼的眼睛与人类的眼睛也有很大区别（这也再次证实它们是单独进化的这一事实）。章鱼不像人类有视觉盲点，因为它们的视神经是连接在视网膜后面的，而人类的视神经则分布在视网膜前面，就像相机带落在镜头前面一样。

章鱼的眼睛里只有一种光感受器，人类则通常拥有三种，每种光感受器都能对特定波长的光（大致说来是蓝色、绿色和红色）做出反应，三者共同产生神经信号，并将其传至我们的大脑，再由大脑将其解读成彩色图像。显然，章鱼没有进化出跟人类相同的色觉。在实验室研究中，几乎没有任何迹象表明它们能够区分不同的颜色。

但是，章鱼另有高招。罗杰·汉隆与其他头足类动物研究人员最近发现，章鱼可能会通过它们的皮肤来看世界。章鱼全身都有光感受器（虽然仅有一种类型），如果有光扫过它们，这些光感受器就有可能会监测到。这些信息可以帮助章鱼调整自己的伪装。

我们也不应该完全排除章鱼有色觉的可能性。它们的肤色细胞，即色素细胞，有可能就像过滤器一样能够改变落在光感受器上的光，从而根据特定的颜色做出反应。

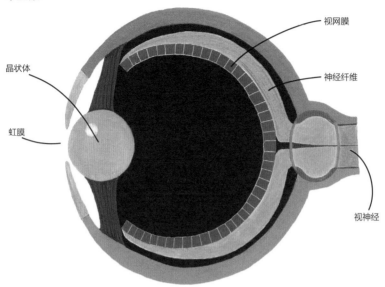

章鱼眼

视网膜

神经纤维

晶状体

虹膜

视神经

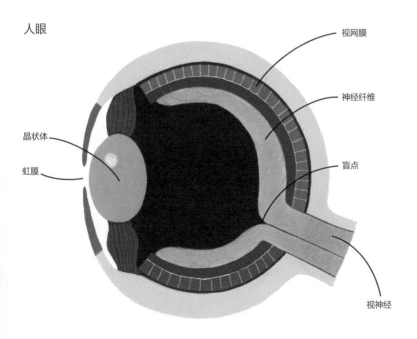

人眼

视网膜

神经纤维

晶状体

虹膜

盲点

视神经

谈笑风生

头足类动物不仅可以通过身体图案进行伪装，还可以向其他动物发送信息。

当前文提到的加勒比章鱼在罗杰·汉隆面前突然变白时，它其实是在说："发现你了！我又大又凶！你小心点！"这种展示通常与张开的腕相结合，用来惊吓捕食者，从而争取一个逃跑的机会。蓝环章鱼通常会隐藏在海底，但在受到干扰时，它们身上会闪现出60个闪亮的蓝环，意思是："让开，我随时可以要你的命！"

头足类动物的身体上也有固定的攻击模式。乌贼的身体上会闪烁暗色的波纹，用以迷惑猎物。发光吸盘章鱼更是如它的名字一样，吸盘可以发光，从而引诱蛰伏在黑暗深处的猎物。

头足类动物基本上是沉默的，但它们也会用特定的模式相互交谈。雄性加勒比礁鱿鱼会通过变成红色来吸引雌性，抵御雄性的时候就变成白色。一群美洲大赤鱿聚集在一起，全身闪着红白相间的光时，或许是在安排集体捕猎行动。椭圆形鱿鱼有27种皮肤图案，这也可能是一种简单的语言形式。

考虑到章鱼的色素细胞和神经系统之间的直接联系，它们的图案可能会反映出更微妙的情感。但是目前，这仍然是头足类动物的另一个不解之谜。

直到不久前，人们还认为章鱼都是天煞孤星，几乎不需要沟通交流。把两只章鱼放在一起，其中一只可能会吃掉另一只。然而，随着越来越多的人花时间研究章鱼，人们确定章鱼有时也会学着跟同类相处。

发现"章鱼之国"

2009 年，潜水员马修·劳伦斯（Matthew Lawrence）在澳大利亚悉尼附近的杰维斯湾看到了不同寻常的景象：至少有十几只章鱼聚集在一堆空扇贝壳周围，有些在扭斗，有些则只是静静地坐着，时不时伸手去触碰路过的其他章鱼。

从那以后，劳伦斯带着包括戴维·谢尔（David Scheel）和彼得·戈弗雷-史密斯（Peter Godfrey-Smith）在内的一支科学团队多次来到这里，研究这个现在被称为"章鱼之国"的地方。长时间的潜水观察，加上海底摄像机拍摄的录像，揭示了这种罕见的章鱼聚集群的一些细节，包括它们如何利用颜色和姿势来进行交流。好斗的雄性章鱼的身体会呈现出深色，逼近其他同类。如果对手的颜色不肯变浅，那就很可能爆发一场争斗。

2016 年，附近又发现了一个类似的章鱼聚集地。借用传说中的海底城市亚特兰蒂斯之名，此地被命名为"章鱼兰蒂斯城"。在这里，时不时就有一只雄性章鱼把另一只雄性从窝里拽出来，居于下风的雄性章鱼逃走之后又寻到一个藏身之处，但却又一次被同一只雄性章鱼赶走。

一个长约 30 厘米的不明物体（可能是某种金属物体）落在了扇贝床上，形成了"章鱼兰蒂斯城"的雏形。这个地方为几只章鱼提供了庇护所，它们饱食扇贝后将空壳堆集起来，而贝壳碎片又成了其他章鱼建造巢穴的完美材料。这里碰巧结合了章鱼的两种生存必需品：充足的食物和藏身之地。

对"章鱼之国"和"章鱼兰蒂斯城"的研究还在继续，仍有许多未解之谜。比如章鱼伸出腕击"掌"，是因为互相认识吗？章鱼在挖掘巢穴时，是否会用挖出的贝壳故意攻击觊觎此巢穴的其他章鱼？

恋爱的章鱼

无论是独自生活还是聚居在争吵的"章鱼之国"中，每只章鱼一生中都会有一段时间要寻找配偶。对许多章鱼物种来说，繁殖是一件相当"不着急"的事情。雄性为了避免被雌性吃掉，会与雌性保持距离，仅伸出一条携带着精子的特殊腕（交接腕）。由于雄性打架时经常试图扯掉对方的这条腕，所以包括七臂章鱼在内，雄性章鱼平时会把这条腕蜷缩起来，只在交配时展开。有的章鱼的交配行为会更加亲密一些。20 世纪 70 年代，有报告称，巴拿马有一种章鱼用喙状嘴交配。后来在 2012 年，人们发现了这种稀有章鱼的活体标本，即大型太平洋条纹章鱼。

研究人员观察水箱中的章鱼时，发现章鱼夫妇有时会坐在同一个巢穴里分享食物，它们的腕交缠着，吸盘紧贴在一起，分食同一只虾。

最有戏剧性的是，章鱼可以在一团交缠的腕中交配。雌性章鱼通常体型更大，经常会把雄性包裹在自己腕之间的皮肤网中。有时，雄性章鱼会在交配时喷出一股墨汁（还没有人知道原因）。

大多数章鱼只有一次机会把基因传给下一代。交配之后，雄性会停止进食，并在几天或几周后死亡。雌性章鱼存活的时间会更久一些，它们通常会在海床上的巢穴里产卵、育卵（玻璃章鱼会在自己的身体里孵化幼体，船蛸则会在它们的壳内进行育卵）。幼体孵出并游走之后，它们的母亲在短期内就会死亡。

生得快，死得早

有一点很奇怪，章鱼过着如此精彩的生活，拥有巨型大脑和复杂的行为，但其寿命却只有一两年。对此，科学家给出的一个可能的解释是，这跟章鱼没有壳有很大关系。

发生在生命晚期的基因突变，通常不会对携带突变基因的个体有什么影响，因为到了那个阶段，携带突变基因的大多数动物早已死于其他外部原因，大概率是被吃掉了。

想象一下，某章鱼的一个基因发生了突变，这使得其在中老年时期会失明。但是大多数章鱼早在视力衰退之前就会被捕食者抓住吃掉，所以变异基因并没有从种群中消失。相反，它会传递给下一代，并悄悄传播开来。

还有一些基因突变是"先买后付"模式，这些突变在生命早期是有用的（例如，可以加快章鱼的颜色变化），但是以后就要付出代价（也许是色素细胞的分解）。这些突变基因在种群中会积累得更快。

尽管章鱼懂得伪装，智商又高，但身体柔软的它们依旧面临着极多的危险。像这样的基因突变可能早已在那儿等着它们，似乎章鱼天生就被设定要衰老，寿命注定不会长。如果有的章鱼足够幸运，没有被鲨鱼抓住或被海豚甩飞，那它们也很快会死于这些迟发性基因突变。

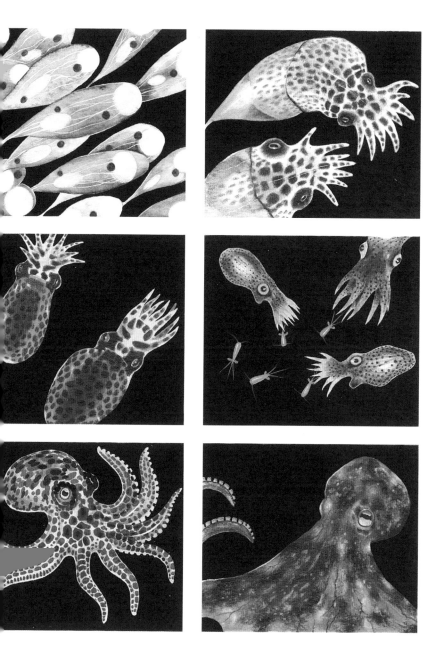

打破常规

不过，并非所有章鱼的寿命都很短。在寒冷黑暗的水底深处，情况可能会大不相同。最近，遥控潜水器在加利福尼亚海岸1 397米深处拍摄到了一只雌性章鱼的照片。这只章鱼紧紧攀附在水下峡谷中，守护着一堆卵。科研团队的遥控潜水器返回原地18次，每次都能拍到这只章鱼在看护它的卵（独特的伤疤证明这是同一只章鱼）。根据科研团队的记录，它在那里至少待了四年半。

这是所有已知动物中孵化期最长的案例。之所以需要这么长时间，可能是因为冷水（2℃到3℃）减缓了卵的发育。寒冷也减缓了章鱼母亲的代谢速率，帮助它在几乎没有进食的情况下生存了几年之久。这只加利福尼亚章鱼没有进食的迹象，而且对科学家用遥控潜水器的机械臂提供给其的碎螃蟹肉不屑一顾。

在浅海中，雌性章鱼一生中会花费大约四分之一的时间孵卵。如果这只深海章鱼也是如此的话，那么它的寿命可能长达十几年。

居住在深海的章鱼也许可以免受衰老的影响，因为它们所处的水域通常更安全，这里的捕食者要比海面少。加速衰老的基因突变可能不会在生活在这里的种群中积累。

这就带来了一种可能性，勾起了科学家的兴趣。如果其他章鱼物种也能进化出可以躲过捕食者的某种方法，或者至少是比现在更有效的方法呢？那它们是否也能延缓衰老？想象一下，如果章鱼能够有更长的生命在海洋中游弋，那么它们的巨型大脑及其好奇的天性又将会如何发展。

进击的头足类动物

尽管大多数章鱼寿命不长，但作为一个群体而言，它们繁衍兴旺。现有数据显示，在过去60年中，章鱼和其他头足类动物的数量在世界范围内都大量增加。

头足类动物正在迅速适应我们这个不断变化的世界，这也许和它们短暂的生命周期有关。在气候变化的驱动下，温暖的海洋可能会令它们更快地生长和繁殖，从而在与对手的竞争中更具优势。栖息地和洋流的变化、极端天气事件的增加，都可能会让生命的天平向头足类动物倾斜。

其他物种的灭绝可能也是一大原因。当鱼类种群因过度捕捞而数量锐减时，头足类动物的数量往往会大幅增加。20世纪80年代，在靠近南极洲的象岛周围，银鱼的数量急剧减少。从那以后，那里的银鱼数量一直未能恢复，但章鱼的数量却远远大于附近海域。章鱼数量之所以增长，可能就是因为捕食它们的银鱼数量变少了。

时间会证明章鱼将来会怎样发展。人类渔业的目标可能会更多地转向数量丰富的头足类动物，所以它们的数量也可能因此出现螺旋式下降。

有些章鱼似乎可以免受人类活动的影响，尽管这可能也只是暂时的。2016年，科学家们在太平洋4 000米深处发现了一种幽灵般的白色章鱼，人类的捕捞作业目前还达不到这个深度。这些被称为"卡斯珀"的章鱼在长在土豆大小的岩石上的海绵上产卵，这些岩石需要数百万年的时间才能形成。这些岩石富含贵金属，或许很快就会被人类从海底打捞上来，用于制造电动汽车电池、太阳能电池板和智能手机。如果深海采矿继续进行，"卡斯珀"可能会失去栖息之地。

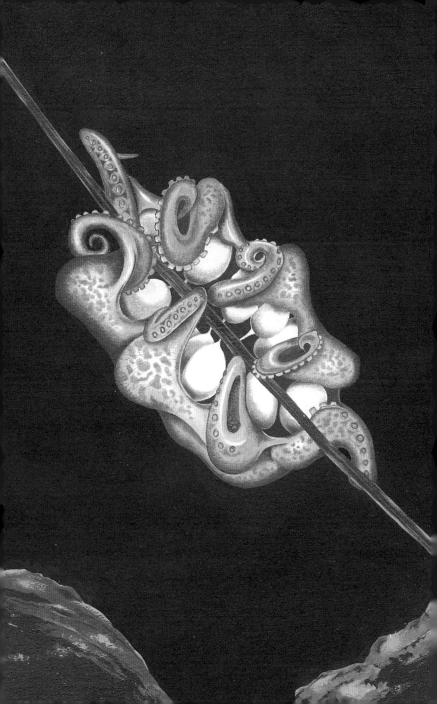

章鱼机器人

章鱼身上有很多特质值得人类借鉴，并运用于人类世界。工程师们正从章鱼身上寻求灵感，来制造新一代机器人。忘掉那些笨重的金属机器吧，想象一下这样的机器人，它们身体柔软，可以爬行、游泳，还能精准地捡起东西。

人类正在制造章鱼机器人，以模拟章鱼各种奇怪的构造，仿生触手上的吸盘能够轻轻包裹住物体。章鱼生物学家罗杰·汉隆最近与工程师们合作，制作了一种根据章鱼皮肤设计的可编程材料。那是一种硅胶片，可以膨胀成立体形状，然后根据指令再次变得扁平。用这个技术可以为士兵或车辆设计能够随时调整外观的"战衣"，以此配合周边景物进行隐蔽。

仿生机器人教授切奇利娅·拉斯基（Cecilia Laschi）把活章鱼带到她在意大利托斯卡纳海岸的实验室，研究它们的运动方式。她的团队制造了以类似方式爬行的机器人，能够伸展和缩短腕，在海底爬行。游泳机器人的腕也预先进行了编程，可以独立做出反应，无须从中控机器额外获得指令，类似于真正的章鱼的半自主腕。

相比之下，软体机器人能在不可预测的环境中更好地工作，而传统机器人则很容易陷入意想不到的障碍中。章鱼机器人可以让自己融入周围环境中，也许将来它们可以协助人类进行精细的手术，去危险的地方执行救援任务，或者住在我们家里做家务。也许有一天，有人会制造出一个仿生章鱼机器人，它可以像活章鱼那样自己进行思考。

生为章鱼

当一只章鱼是什么感觉？它们是有意识、能认识自我的生物吗？这一点我们现在还不得而知。

意识是一个模糊的概念，是一种沉浸在你自己内心世界中的感觉，令你成为独一无二的你。人类的意识本就很难进行定义和测量，更不用说其他我们无法与之交谈的动物了。但是，当你和章鱼在一起时，会感觉到它似乎能洞悉一切。

当然，我们不能排除章鱼存在意识的可能性。2012年，一群杰出的神经科学家签署了《剑桥意识宣言》，声明人类产生意识感觉所需的神经和大脑并非独一无二，所有的哺乳动物和鸟类都有相似的天赋，章鱼也是如此。

如果章鱼有自我意识，那么它们的意识可能是以一种与我们人类完全不同的方式进化而来的。它们的神经系统是分散的，所以章鱼的意识很可能会以人类无法识别的方式表现出来。甚至有可能不仅仅是章鱼的大脑有意识，章鱼的腕也有意识。

如果章鱼是有意识的生物，我们该怎么办？这将如何改变我们对它们的态度？如果章鱼可以感觉到高兴、愤怒、满足和焦虑，我们还应该继续把它们关起来吗？我们还应该吃它们吗？很多问题目前还没有明确的答案，但肯定值得我们思考。

地球上的外星人

我们观察章鱼的时间越长，对它们的了解越多，就越明显地发现它们是我们能在地球上找到的最接近外星智慧生命的生物。

章鱼拥有能够变化形态的身体、可以"看到"外界的皮肤和能自主思考的腕，这些都在告诉我们，生命存在无限的可能性。

跨越6亿年的鸿沟，我们无法再盲目地坚信人类是唯一的智慧生命。人类以及我们的脊椎动物近亲并非唯一拥有能够进行智慧思维的神经系统的生物。章鱼就是一个活生生的证据，它证明复杂的神经系统至少出现了两种，一种是在脊椎动物中发现的，一种是单独在章鱼身上发现的。如果这种事在地球上已经发生了两次，那么谁又敢保证在宇宙的其他地方，智慧生命不会出现多次进化？

科学家正在寻找智力起源的线索。章鱼可以帮助揭示神经系统中哪些部分是智力的基础，哪些部分是可以互换的。

要充分理解章鱼的生活，人类还有很长一段路要走。直到2017年，人们才发现章鱼在神经中编辑了大量基因，其规模远远大于任何其他物种。它们为什么这么做，以及这么做的后果是什么，我们目前还不清楚。但是，章鱼改变DNA密码的能力能够说明它们是如何迅速适应不断变化的环境，甚至如何成为地球上最聪明的无脊椎动物的。

毫无疑问，如果我们继续深入章鱼的世界，它们还有更多的惊喜在等着我们。

拓展阅读

Peter Godfrey-Smith, *Other Minds: The Octopus, the Sea, and the Deep Origins of Consciousness* (William Collins, 2017).

Sy Montgomery, *The Soul of an Octopus: A Surprising Exploration into the Wonder of Consciousness* (Simon & Schuster, 2015).

Roger T. Hanlon, John B., *Messenger Cephalopod Behaviour* (Cambridge University Press, 1998).

Roger T. Hanlon, Mike Vecchione, Louise Allcock, *Octopus, Squid and Cuttlefish: A Visual, Scientific Guide to the Oceans' Most Advanced Invertebrates* (University of Chicago Press, 2018).

Danna Staaf, *Squid Empire: The Rise and Fall of the Cephalopods* (The University Press of New England, 2017).

致谢

从马达加斯加到毛里求斯，又从红海地区到澳大利亚，在世界各地观察并研究章鱼的过程中，非常有幸能得到伊万的陪伴和协助，在此特别对他表达我真挚的谢意。